NOUVELLE NOTICE

SUR LES EAUX MINÉRALES THERMALES ACIDULES

DE

FONCAUDE,

Lue à la Société de Médecine-pratique de Montpellier, le 28 mai 1846.

Montpellier.

TYPOGRAPHIE ET LITHOGRAPHIE DE BOEHM.

1846.

NOUVELLE NOTICE

sur

LES EAUX MINÉRALES THERMALES ACIDULES

DE FONCAUDE.

Lu à la Société de Médecine-pratique de Montpellier, le 28 mai 1846.

NOUVELLE NOTICE

SUR LES EAUX MINÉRALES THERMALES ACIDULES

DE

FONCAUDE,

PAR

E. BERTIN,

Professeur-Agrégé à la Faculté de Médecine de Montpellier; Membre de la Société de Médecine-pratique et Médecin de la Prison cellulaire de la même ville.

Montpellier.

TYPOGRAPHIE ET LITHOGRAPHIE DE BOEHM.

1846.

NOUVELLE NOTICE

EAUX MINÉRALES THERMALES ACIDULES

DE FONCAUDE.

La source des eaux de Foncaude est située au sud-ouest de Montpellier, à une distance de trois kilomètres environ. Lorsqu'on traverse la petite rivière de la Mosson, sous les murs de la belle propriété de M. Rigal, appelée la Pailhade, on trouve d'immenses prairies qui n'étaient autrefois qu'une plaine inculte, fréquemment inondée, et que protègent aujourd'hui de hautes digues, nouvellement élevées sur les bords de la rivière. Là, dans un charmant vallon, sous de belles allées de mûriers, à deux cents mètres environ de la rivière , et de beaucoup au-dessus du niveau de ses plus hautes eaux , la source des eaux minérales se montre presque à la surface du sol , et déverse abondamment hors du réservoir dans lequel on l'a encaissée.

L'histoire des eaux de Foncaude, bien qu'elle se réduise encore à peu de faits , présente déjà tous ceux que l'on retrouve lorsqu'on veut remonter à l'origine de la réputation dont jouissent les eaux minérales les plus vantées. Le plus souvent, c'est le hasard qui constate d'abord les propriétés bienfaisantes d'une eau que jusqu'alors on remarquait à peine ; quelques guérisons opérées par son usage se publient lentement et dans une sphère peu étendue ; une tradition locale que les malades soulagés ou guéris transmettent à ceux qui souffrent comme eux , et bien souvent à des sujets atteints d'affections toutes différentes , forme peu à peu une clientelle variée. Mais le principe qui la guide dans l'usage du moyen thérapeutique qu'elle a sous la main , n'est encore qu'une expérience sans critique ; et les faits heureux ou malheureux qui provoquent la confiance ou font naître le doute, n'arrivent souvent que fort tard à fixer l'attention des

7

médecins. Les eaux de Foncaude ont subi toutes
ces diverses phases. Le nom qu'elles portent et
qu'elles ont donné à la propriété dont elles dépen-
dent, remonte à une époque qu'on ne saurait fixer ;
il prouve que leurs propriétés physiques n'avaient
point échappé aux populations voisines. Des sou-
venirs de guérisons remarquables , transmis dans
certaines familles, d'une génération à l'autre ; l'em-
pressement que quelques malades mettaient encore,
chaque année, à réclamer la permission de se plon-
ger dans les piscines ; les résultats heureux qui , à
la suite de ces nouveaux essais, venaient confirmer
de plus en plus la valeur des traditions sur la foi
desquelles on les avait tentés; enfin, l'existence d'un
vieux bâtiment construit près de la source pour lo-
ger les baigneurs, et que sa situation peu favorable
a récemment fait démolir ; tout cela prouve qu'on
appréciait depuis long-temps les vertus médicales
des eaux de Foncaude. Nous pourrions consigner
ici des faits que les habitués de ces eaux ne man-
quent jamais de rappeler avec quelque exaltation, et
qui sont pour elles des archives miraculeuses, semblables à celles qu'on retrouve d'ailleurs dans tous
les établissemens d'eaux minérales. Mais nous trou-

vons aussi , dans les faits relatifs à celles qui nous occupent , des observations sérieuses ; et , comme elles seules doivent fixer notre attention , elles seront aussi les seules que nous rappellerons avant de faire connaître celles que nous avons pu recueillir.

Les premières indications scientifiques que nous possédions sur l'analyse des eaux de Foncaude, sont dues à Montet , qui , d'après les renseignemens qu'il transmit à Carrère (1) , signala dans leur composition un peu de terre savonneuse et un soupçon de sel marin.

Plus tard , Joyeuse publia une analyse des eaux de Foncaude , et dans ce travail , les rapprochant d'autres sources minérales du département de l'Hérault , particulièrement de celle de Lamalou, fort renommées depuis long-temps , il les déclara utiles comme celles-ci dans les maladies de la peau , dans les douleurs de rhumatisme, de sciatique , et avança qu'à haute dose elles pouvaient être purgatives (2).

(1) Carrère ; *Catalogue raisonné des ouvrages qui ont été publiés sur les eaux minérales en général, et sur celles de France en particulier.*

(2) *Journal de méd. , de chir. et de pharm. ,* ou *Annales*

Rien ne prouve que, malgré ces indications assez précises, aucun essai suivi eût jamais été tenté sous la direction des médecins, et les eaux de Foncaude restèrent à peu près dans l'oubli jusqu'en 1806. Ce fut alors que M. le professeur Vigarous fixa de nouveau l'attention sur elles. S'appuyant sur les résultats que l'expérience avait pu fournir, sur une analyse faite par MM. les professeurs Virenque et Duportal, et sans que sa confiance fût ébranlée par les faibles proportions des substances contenues dans ces eaux, Vigarous ne craignit pas de les mettre en usage dans quelques cas des maladies contre lesquelles on les vantait le plus. Voici comment il rend compte, en peu de mots, des résultats que ses essais fournirent : « Ces eaux se sont constam- » ment montrées efficaces dans les affections rhuma- » tismales et dans certaines maladies de la peau ; et » six personnes qui, d'après nos conseils, en firent » usage leur doivent la guérison d'un rhumatisme » chronique. Deux jeunes filles délivrées, par le » même secours, d'une croûte laiteuse qui occupait

---

de la Soc. de méd. prat. de Montpellier ; tom. I, 2e part., pag. 153.

» toute l'étendue de l'avant-bras , et trois autres
» personnes complétement guéries d'une affection
» dartreuse qui se montrait en plaques assez consi-
» dérables sur les différentes parties de leur corps ,
» attestent leur efficacité et l'importance qu'on peut
» leur donner en médecine (1). »

Il paraît que, à cette époque , les bons résultats
obtenus par ces premières tentatives, décidèrent le
propriétaire des eaux de Foncaude à faire quelques efforts pour populariser leur emploi. Le bassin
où les eaux se rendaient en s'échappant du réservoir
qui les renferme, fut changé en deux piscines cou-
vertes, assez vastes, séparées l'une de l'autre par
un mur intermédiaire, et rendues ainsi tout-à-fait
indépendantes. Chacune d'elles recevait directement
les eaux du puits par un conduit de quelques cen-
timètres de longueur, toujours ouvert, et les lais-
sait incessamment déverser dans un bassin extérieur.
Ainsi, l'écoulement des eaux était constant , et
malgré l'étendue de chaque piscine où la hauteur
des eaux s'élevait à près d'un mètre, le renouvel-

(1) *Recueil des Bulletins publiés par la Soc. lib. des sciences et belles-lettres de Montpellier ;* tom. II , an XIV.

lement de celles-ci était assez rapide, pour qu'elles conservassent leur température naturelle. Aussi, à plusieurs reprisés et dans des saisons bien diffé-rentes, m'a-t-elle paru la même dans le puits et dans les piscines, ou du moins ne varier que d'une fort petite fraction de degré.

En 1809, M. Saint-Pierre soutint, devant la Faculté de médecine de Montpellier, sur les *Eaux minérales du département de l'Hérault*, une thèse remarquable, dans laquelle il ne pouvait oublier celles de Foncaude. Il en donne une analyse faite avec soin sous la direction du professeur Anglada ; mais, dépourvu d'observations qui puissent le guider dans l'étude des applications thérapeutiques aux-quelles ces eaux pourraient donner lieu, Saint-Pierre se contente de rappeler que l'expérience leur attribue déjà des faits thérapeutiques fort re-marquables. Il déplore que les malades en fassent le plus souvent usage sans consulter de médecin, et au risque de compromettre à la fois leur santé et la réputation des eaux.Enfin, il remarque, comme Vigarous, les nombreux avantages qu'une position très-rapprochée de Montpellier, assurerait aux eaux de Foncaude, si des épreuves multipliées venaient

justifier les données qui jusqu'alors parlaient si haut
en leur faveur (1).

Les témoignages favorables que je viens de rappeler, appuyés par une analyse faite par M. le
professeur Bérard, qui rangeait les eaux de Foncaude parmi les eaux salines, acidules, thermales,
et les rapprochait de celles de Vichy, d'Ussat, du
Mont-d'Or, me décidèrent à en faire l'essai dans
certains cas où elles pouvaient paraître appropriées.
Pendant l'été de 1844, divers malades s'y rendirent, prirent des bains avec assiduité, et en ayant,
en général, la précaution d'élever de quelques degrés
la température naturelle à ces eaux.

Je n'eus qu'à me louer de ces premiers essais.
Un bien petit nombre de bains suffit pour procurer
de grands soulagemens dans un cas de douleurs
rhumatismales goutteuses, dont les attaques suc-
cessives avaient déjà causé de notables difformités
dans quelques-unes des articulations des doigts. Une
jeune femme avait été tourmentée, pendant tout l'hiver précédent, de douleurs de rhumatisme aiguës,

____

(1) Saint-Pierre ; *Essai sur l'analyse des eaux minérales
en général, et sur celle des eaux minérales du département de
l'Hérault en particulier*, pag. 75.

qui, le plus souvent fixées aux membres, avaient fini par se porter à la tête et par déterminer de violentes hémicranies ; en même temps une éruption fort abondante de dartres furfuracées s'était montrée sur presque toute la surface du corps, s'accompagnant de démangeaisons fort incommodes : douze ou quinze bains de Foncaude, pris pendant l'été, dissipèrent complétement tout ce qui restait encore de douleurs dans diverses parties du corps, firent disparaître l'éruption, et ramenèrent le calme, la régularité de toutes les fonctions. Je puis ajouter que l'hiver suivant, qui fut si remarquable par l'intensité du froid, par la continuation des pluies, s'est passé sans la plus légère atteinte de rhumatisme. Quelques exemples d'affections dartreuses variées cédèrent aussi sous mes yeux pendant ces premiers essais, et par l'emploi des eaux de Foncaude à leur température naturelle.

Il eût été difficile, avec les dispositions matérielles qui existaient alors à Foncaude, de donner beaucoup d'extension à l'emploi de ces bains. On n'avait encore que des piscines, où l'eau, grâce à son renouvellement rapide et à l'extrême abondance de la source, conservait sans doute, à très-peu

de chose près, sa température naturelle ; mais bien
que, dans quelques cas, celle-ci eût pu suffire pour
certains malades ; en général, et surtout dans le traitement des affections rhumatismales, il avait fallu
modifier les dispositions matérielles, pour élever la
température du bain jusqu'à 33 ou 35 degrés centigrades. Il devenait donc indispensable, pour donner
suite à nos premiers essais , de créer un établissement convenable. Encouragé par les bons résultats
que nous venons de constater, M. Rouché, propriétaire actuel des eaux de Foncaude, ne recula
pas devant d'assez grands sacrifices, et, dans le cours
de l'hiver de 1844 à 1845, des cabinets de bains,
convenablement disposés , s'élevèrent sur l'empla-
cement même des piscines. Une chaudière établie
à côté du réservoir où la source jaillit, en reçoit
directement l'eau, qui, chauffée à une température
élevée et sans le contact de l'air, est ensuite dirigée
par des tuyaux particuliers dans chaque cabinet
de bains. D'autres tuyaux conduisent, de la source
même dans les baignoires, l'eau, qui n'a besoin,
pour être portée à la température convenable à un
bain, que d'être mêlée à quelques litres de celle
qui arrive de la chaudière. Dans l'unique corridor

où viennent s'ouvrir tous les cabinets, se trouve aussi l'orifice du réservoir de la source, et une buvette convenablement disposée. Enfin, le corridor lui-même est précédé par une pièce assez grande, où les malades peuvent se reposer avant d'entrer au bain. Par ces dispositions bien entendues, l'intérieur de l'établissement peut aisément être soustrait à l'influence de la température extérieure, et la sienne restant ainsi à peu près constante, paraît élevée pendant l'hiver et tempérée pendant l'été. Pour compléter ces premiers arrangemens, M. Rouché a déjà fait construire sur la petite colline qui domine la source, et d'où la vue embrasse un paysage très-varié, un vaste et beau salon, où des divans permettent aux malades de prendre du repos, précaution très-salutaire après le bain. Ce bâtiment fait partie de celui qu'on destine à devenir plus tard le logement des baigneurs, et qui, sous le double rapport de l'agrément et de la salubrité, se trouve disposé de la manière la plus heureuse.

Grâce à toutes ces importantes améliorations, il a été possible d'utiliser les eaux de Foncaude d'une manière assez étendue, et des faits nombreux, observés pendant l'été de 1845, sont venus confirmer les bons résultats sur lesquels j'avais déjà cru pouvoir compter. L'étude de l'action des eaux devenue plus facile, j'ai pu observer leurs effets d'une manière comparative, sur des sujets placés dans des circonstances bien diverses. Mais, avant d'entrer dans les détails qui s'y rapportent, il me paraît convenable de donner ici dans toute son étendue, l'important travail auquel M. le professeur Bérard et M. le professeur Gerhardt ont bien voulu se livrer sur l'analyse des eaux de Foncaude (1). Ces savantes recherches aideront beaucoup à comprendre les effets dont j'ai à rendre compte, et ajouteront une grande valeur aux conclusions qu'on pourra déduire des faits que j'ai recueillis.

Voici ce travail tel que l'a rédigé M. Bérard :

« La quantité d'eau fournie par la source minérale de Foncaude, paraît être la même dans

_____

(1) Une commission composée de MM. Bérard, professeur de chimie générale et de toxicologie à la Faculté de médecine, Gerhardt, professeur de chimie à la faculté des sciences, et Bertin, professeur-agrégé à la Faculté de médecine, avait été nommée récemment par M. le Préfet de l'Hérault, pour analyser les eaux de Foncaude, par suite de la demande qu'avait faite M. Rouché, d'être autorisé à former à Foncaude un établissement de bains publics.

toutes les saisons. Le 26 mars 1846, elle avait été évaluée, et l'on avait trouvé qu'il en coulait 130 litres dans 82 secondes ; ce qui porte la valeur de la source à 95 litres par minute. En outre , il s'é-chappait par de petites ouvertures une petite quan-tité d'eau qui n'est pas comprise dans l'évaluation précédente. On voit que cette source peut fournir en deux minutes au plus , la quantité d'eau néces-saire pour un bain.

» L'eau est claire et limpide; le goût en est un peu fade , ce qui tient en partie à la température de l'eau ; car, quand elle est refroidie , elle a une saveur très-légèrement aigrelette. Quelques bulles de gaz s'échappent de temps en temps, dans le réser-voir où elle est primitivement reçue. On n'en a pas reconnu la nature ; mais ce gaz est probable-ment de l'acide carbonique. Lorsqu'on la laisse refroidir dans un vase de verre très-transparent , on aperçoit une petite quantité de petites bulles de gaz qui s'attachent à ses parois et qui s'en détachent par l'agitation.

» On a cherché à déterminer par le moyen de l'é-bullition, la nature et la quantité de gaz contenu dans cette eau : 10 litres d'eau donnent 0^{lit}, 470 mesuré à la température de 12° et à la pression de 0 ᵐ,761. Ce gaz ainsi dégagé contient 52 pour cent d'acide carbonique; le reste est de l'air et consiste en 8 d'oxygène et 40 d'azote. Mais on doit observer qu'on n'a pas ainsi dégagé de cette eau tout l'acide carbonique qu'elle contient. Le gaz est si fortement retenu, que les dernières portions ne s'échappent que quand l'eau est presque toute évaporée. Ce qui le prouve, c'est que les carbonates de chaux et de magnésie que cette eau abandonne par l'évaporation, continuent à se déposer à mesure que l'eau bout, presque jusqu'à la fin.

» La température à laquelle l'eau s'échappe à la source, est aussi assez constante malgré les variations de la température extérieure. Je l'avais trouvée, le 18 août 1823, de 26° degrés centigrades, la température de l'air étant de 30, et, le 26 mars 1846, un thermomètre plongé dans le réservoir de la source marquait 25°,5, tandis que la température extérieure était de 16°,5.

» A mesure qu'on la fait évaporer, il s'en sépare une poudre blanche. Cette séparation commence dès que l'eau a bouilli; on s'en aperçoit surtout si on la laisse refroidir après quelques minutes d'ébul-

lition. Ainsi que nous l'avons dit, cette précipita-
tion de poudre blanche continue à mesure qu'on
évapore l'eau, jusqu'à ce qu'il n'en reste que quelques centilitres. Dix litres d'eau ont laissé déposer
ainsi 2 ^{gram}, 110 de cette poudre blanche bien
desséchée. L'analyse de cette poudre a prouvé
qu'elle contenait 1 ^{gram}, 880 de carbonate de chaux,
0, 163 de carbonate de magnésie et 0, 67 d'alumine et de carbonate de fer.

» Les carbonates de chaux, de magnésie, de fer,
ainsi que l'alumine que nous avons trouvés dans
l'eau de Foncaude, y sont maintenus en dissolution par l'acide carbonique et s'en séparent quand
on dégage cet acide par l'ébullition.

» L'eau, après cette séparation, ne tient plus d'autres sels qu'une trace de sulfate de chaux ; une
certaine quantité de chlorure de magnésium et un
peu de chlorure de sodium. Sur dix litres d'eau
on a trouvé une quantité de ces deux chlorures
égale, pour le chlorure de magnésium, à 0, 589, et
pour le chlorure de sodium, à 0, 162.

» Outre ces sels, l'eau de Foncaude contient encore
une petite quantité d'une matière organique dont
on n'a pas pu exactement reconnaître la nature,

mais qui est, selon toute apparence, de la barégine, et qui rend l'eau légèrement onctueuse. On peut facilement en rendre la présence évidente , par les expériences suivantes : Si , en évaporant environ trois litres d'eau , on sépare les dernières portions de carbonates insolubles que l'eau abandonne , qu'on les mette dans une petite capsule de porcelaine et qu'on y verse quelques gouttes d'acide sulfurique concentré , après l'effervescence on reconnaît que la matière devient noire , surtout en s'échauffant. Cet effet ne peut être produit que parce que l'acide sulfurique s'est trouvé en contact avec une matière organique. De plus , si on réduit par l'évaporation 3 litres d'eau à quelques centilitres , qu'on les tire bien au clair dans une petite capsule de porcelaine , qu'on y ajoute quelques gouttes d'acide sulfurique concentré et qu'on dessèche la matière ; quand il ne reste plus dans la capsule que quelques gouttes de liquide , il se dégage du gaz hydrochlorique provenant des chlorures que l'eau contient , bientôt la liqueur noircit, et en desséchant tout-à-fait on obtient un résidu complétement noir ; ce qui annonce aussi de la matière organique tenue encore en dissolution.

« L'eau de Foncaude contient donc, sur 10 litres ou 10 kilogrammes :

« Une quantité de gaz égale à environ un demi-litre, formé de parties à peu près égales d'air et d'acide carbonique ; plus :

grammes.

Carbonate de chaux. 1,880

Carbonate de magnésie. 0,163

Alumine et carbonate de fer. . . 0,067

Chlorure de magnésium. 0,589

Chlorure de sodium. 0,162

Sulfate de chaux , quantité très-faible
et indéterminée,

Substance organique analogue à la barégine , quantité très-faible et indéterminée. »

Cette analyse, qui doit faire classer les eaux de Foncaude au nombre des eaux minérales thermales acidules , semblerait justifier de plus en plus la remarque faite par Vigarous et Saint-Pierre. L'un et l'autre s'appuyant sur les faibles proportions des substances qu'elles renferment, font observer que, d'après cette circonstance, elles devraient posséder une action bien moindre que celle dont l'expérience avait déjà fait foi. Mais , comme l'observent aussi ces médecins, ce n'est pas toujours par la combinaison d'un grand nombre de substances diverses et à doses élevées, qu'il faut chercher à expliquer l'action des eaux minérales. L'expérience prouve chaque jour, que, tout en différant par le nombre et la quantité proportionnelle des substances qu'elles renferment, les eaux qui appartiennent à une même classe, n'en sont pas moins aussi utiles les unes que les autres, et qu'il est, dans certains cas, bien avantageux de pouvoir donner la préférence à l'une ou à l'autre des sources connues, en se guidant d'après la quantité de ses principes constituans. Ceux qui appartiennent aux eaux de Foncaude, les rapprochent surtout des eaux d'Ussat, et bien que moins chaudes, moins salines que celles-ci, elles n'en développent pas moins des effets physiologiques analogues, et qui permettent de les employer les unes et les autres dans des circonstances pathologiques semblables. C'est là ce que l'expérience m'a déjà démontré, c'est là ce qui sera justifié par l'étude qu'il me reste à faire des effets physiologiques qui surviennent après le bain dans les eaux de Foncaude, et de leurs conséquences thérapeutiques.

Un bain pris dans les eaux de Foncaude, prolongé de trois quarts–d'heure à une heure, et à la température de 33 à 35 degrés centigrades, amène ordinairement les phénomènes suivans. La température de la surface du corps semble légèrement abaissée, et de là résulte une disposition notable à l'apparition de petits frissons généraux. Le sentiment qui s'y rattache, n'est point celui d'un froid caractérisé, bien établi, profond; mais il suffit pour faire rechercher de préférence les lieux où règne une douce chaleur, un air calme et sec; on s'éloigne avec plaisir du voisinage des lieux humides. En même temps le besoin du repos se fait sentir; une espèce de lassitude générale, une disposition marquée au sommeil l'accompagnent, et pendant cette période, qui dure plus ou moins selon les individus, la respiration libre, facile, est un peu plus prolongée et plus rare; le pouls lent, régulier, présente un peu d'amplitude et d'élévation. A cet état de sédation succède peu à peu une activité plus grande dans la circulation; le pouls s'accélère sans cesser d'être régulier, se développe davantage; il finit par acquérir un certain degré d'expansion, et parfois même prend assez de dureté pour que l'artère résiste, avec quelque force, au doigt qui cherche à la déprimer. En même temps, la respiration s'accélère, la lassitude se dissipe et fait place à plus de liberté dans les mouvemens; une chaleur douce, active, pénétrante, se répand dans tous les membres, à la surface de la peau qui se colore plus vivement; elle gagne ainsi de l'intérieur à l'extérieur, et semble ramener dans tous les organes plus de force, plus d'activité, plus de vie.

Il ne faut pas croire que, dans tous les cas, on puisse observer les phénomènes de sédation que je viens d'indiquer, et ceux de réaction qui leur succèdent. Bien des circonstances peuvent les modifier dans leur intensité, dans leur ensemble. Il est inutile de noter au nombre de ces circonstances, la durée trop peu prolongée du bain; quelle que soit la susceptibilité des sujets, leur séjour dans l'eau reste alors sans effets, par cela seul que le temps nécessaire à l'action de celle-ci pour s'établir, a complétement manqué. Il est inutile encore de faire observer qu'il suffit, après le bain, de ne pas garder le repos, de se livrer à quelque exercice animé, pour que l'effet physiologique ne garde plus, dans l'apparition successive de ses phénomènes, l'en-

semble que j'ai pu observer quand rien ne con-
trariait leur développement naturel. La sédation
produite par les eaux de Foncaude n'est pas assez
intense dans la plupart des sujets, pour qu'en leur
rendant le mouvement pénible, fatigant, elle les
en éloigne tout-à-fait ; la plus légère excitation ne
peut manquer alors de la faire promptement disparaître en déterminant une réaction plus rapide.

Parfois, il est vrai, un bain administré avec
toutes les conditions prescrites ne produit pas de
résultat immédiat, ou plutôt son action passe in-
aperçue, tant les phénomènes qui la constituent ont
alors peu d'énergie. Cependant, même dans des cas
de ce genre, j'ai vu des affections anciennes de la
peau se modifier avantageusement au bout d'un
certain nombre de bains ; des affections catarrhales
dont le siége était fixé sur diverses membranes
muqueuses, éprouver de grandes améliorations et
parfois même disparaître. Ces effets médicateurs
se montrant sans que l'action primitive des eaux se
soit manifestée, prouvent-ils qu'elle n'a pas eu lieu?
Doivent-ils être considérés, dès-lors, comme in-
dépendans de cette action, pour être rapportés à
celle de tel ou tel autre des principes consti-

tuans des eaux qui , dans ce cas surtout, se mani-
festerait de préférence ? Je ne le pense pas. Outre
qu'il est bien difficile d'admettre cette action iso-
lée d'un principe qui concourt avec un certain
nombre d'autres à la formation d'un agent composé,
il me paraît plus rationnel d'admettre qu'une idio-
syncrasie particulière a rendu les malades moins
sensibles aux effets directs des bains, et que, chez
eux, le calme et la réaction qui les suivent ordinairement , se sont assez faiblement dessinés pour
rester inaperçus.

Enfin , la maladie , elle-même , peut modifier
aussi les dispositions générales du sujet qu'elle
affecte, de manière à lui faire ressentir bien diffé-
remment les premières impressions du bain , de
manière à dénaturer les effets physiologiques de
celui-ci, et, ce qui est bien plus fâcheux, à en altérer
toutes les conséquences. Tantôt , par exemple, elle
exagère l'effet sédatif , prolonge sa durée, retarde
ainsi la réaction , qui ne se développe plus que
d'une manière pénible et fatigante pour le malade qui s'affaiblit de plus en plus. C'est ce que
j'ai vu se produire chez un sujet dont les forces
générales étaient épuisées par une maladie organi-

que des premières voies. Tantôt une sédation mo-
dérée est suivie d'une réaction qui ne conserve avec
elle aucun rapport proportionnel. Alors les phénomènes qui constituent la réaction, acquièrent une
intensité assez grande pour qu'elle prenne rapide-
dement toutes les apparences d'un mouvement fé-
brile, et s'accompagne d'une excitation générale,
qui cause parfois aux malades une fatigue consé-
cutive assez grande. La chaleur générale, la sécheresse de la peau, la céphalalgie, la vivacité
et la fréquence du pouls qui constituent en général cet état, s'accompagnent aussi dans quelques
cas de douleurs contusives dans les membres, et se
prolongent chez certains sujets assez long-temps
pour causer de longues et pénibles insomnies. Des
résultats semblables se sont manifestés chez quelques personnes douées d'une excitabilité nerveuse
très-grande, au point de les forcer à interrompre
les bains. Je les ai même vus survenir malgré la précaution qu'on avait eue de mitiger les eaux de Foncaude avec parties égales d'eau ordinaire, et se
présenter assez développés pour qu'il fallût renon-
cer à l'usage de ces eaux. Il faut, sans doute,
tenir compte de ces faits dans l'étude des effets

physiologiques des eaux de Foncaude ; mais il
faut aussi , en les considérant comme un résultat
qui se rattache à une disposition morbide particulière, voir seulement en eux la source d'une con-
tre-indication accidentelle, et la preuve que , malgré la faible dose des principes constituans de ces
eaux, il faut encore, dans certaines circonstances ,
user de leur emploi avec quelque prudence.

En général , les malades éprouvent , après un
certain nombre de bains, une augmentation notable des forces générales , sans qu'aucun sym-
ptôme vienne faire craindre que le plus léger degré d'irritation se joigne à cet effet tonique. Soit
que les organes digestifs aient seulement partagé
l'activité plus grande que tous les systèmes ont
acquise pendant la réaction ; soit que , par leurs
rapports intimes avec la peau , ils aient double-
ment ressenti l'influence des eaux ; soit enfin, que,
par la boisson de quelques verres de cette dernière,
l'action digestive ait été plus vivement sollicitée,
il est certain que des digestions plus actives ont
eu lieu et ont nécessairement contribué à augmen-
ter les forces radicales , tandis que les réactions
journalières en régularisaient le développement et

le partage. C'est ainsi qu'à mes yeux les eaux de Foncaude deviennent toniques sans être irritantes.

Il faut aussi reconnaître que l'expansion générale qui succède au premier effet du bain, en dirigeant de préférence tous les mouvemens vers l'organe cutané, fait de cet organe le siége principal de l'action médicamenteuse. Il en résulte pour lui une augmentation notable de ses fonctions, et cette activité plus grande peut, ainsi que nous allons le voir, être considérée comme l'origine d'un grand nombre d'effets thérapeutiques fort importans. Quant à ceux qui se rapportent à l'organe lui-même, il est d'abord facile de comprendre comment cet appel fréquent des forces générales vers la peau peut faire directement succéder la force à la faiblesse, un état de tonicité normale à une atonie plus ou moins profonde. De même, dans le cas où les forces se trouvent vicieusement concentrées sur quelque point de l'organe cutané, par l'effet de quelque mouvement fluxionnaire, l'activité rendue à toute la peau sert heureusement à détruire ces localisations, en divisant les forces d'une manière égale et sur tous les points d'un organe aussi étendu. Enfin, quand l'activité de

la peau n'est que pervertie , la nouvelle et puissante perturbation que l'effet dont je parle vient
déterminer , suffit, dans bien des cas , pour ramener
les fonctions de la peau à leur exercice régulier ,
et pour assurer à celui-ci un retour complet et
durable.

Ces effets sont trop solidement établis par l'action des eaux de Foncaude, pour qu'il soit difficile
d'admettre comment , par leur moyen , on peut ar-
river à porter l'action thérapeutique de ces bains ,
jusque sur les maladies qui affectent d'autres organes que la peau. Ainsi , l'activité des relations
sympathiques de celle-ci avec la plupart des organes internes , fera retentir jusque sur ces derniers l'action tonique dont la première a d'abord
été le siége. L'augmentation soutenue des humeurs
qui s'exhalent à travers la peau , pourra, dans bien
des cas , devenir une crise utile à différens états pathologiques dont d'autres organes seront affectés.
Le simple rétablissement de ses fonctions deviendra
une cause de guérison dans ces cas , qui sont
bien loin d'être rares , et dans lesquels le système
pulmonaire , ou les organes digestifs , ou les voies
génito-urinaires, ou même le système nerveux, sont

tourmentés d'affections longuement rebelles et souvent fort difficiles à guérir , par cela même qu'on
ne se doute pas toujours de leur intime connexion
avec l'accomplissement irrégulier des fonctions
cutanées. Enfin , ce même rétablissement des fonctions cutanées , alors même qu'elles se borneront
à revenir à leur état naturel , mais surtout lorsqu'elles se manifesteront avec quelque accroissement
d'énergie , ne sera t-il pas, pour bien des maladies
chroniques , un moyen fort utile d'exercer des révulsions puissantes et soutenues ? Puissantes , parce
qu'elles s'accompliront sur une large surface , sur
un organe doué de nombreuses et actives sympa-
thies ; soutenues, parce qu'elles s'opéreront par des
phénomènes naturels que l'économie peut suppor-
ter longuement et sans danger pour les forces générales , attendu qu'ils font partie de tout ce qui
se passe en elle dans l'état de santé. C'est de
cette manière que l'on peut , dès aujourd'hui, s'expliquer les divers effets thérapeutiques que les eaux
de Foncaude ont déjà déterminés dans des circonstances bien variées et dans lesquelles les organes
malades ne paraissaient pas toujours directement
soumis à leur action. Ce sont ces mêmes faits

qui justifient le rapprochement que j'ai cru devoir établir entre les eaux de Foncaude et celles d'Ussat, en m'appuyant d'abord sur l'analogie de leur composition. Ce sont eux, enfin, qui feront comprendre encore comment, ainsi que ces dernières, les eaux de Foncaude peuvent se montrer favorables dans le traitement de certaines maladies de la peau et des organes digestifs, dans les affections catarrhales des voies génito-urinaires, dans bien des cas de névroses, de névralgies diverses, et dans les affections rhumatismales. L'expérience ayant déjà montré, dans bien des exemples de ces différentes maladies, tout le parti que l'on peut retirer de l'emploi des eaux de Foncaude, il me serait facile d'en rapporter ici d'assez nombreuses observations, dont les détails ne seraient pas sans intérêt; mais je craindrais de porter trop loin les bornes de cette Notice. Je me contenterai donc de résumer les résultats que j'ai constatés, en les présentant de manière à mettre en évidence l'action des eaux, relativement aux divers points de vue sous lesquels j'ai déjà fait pressentir qu'elle pouvait se développer.

Des affections dartreuses assez variées ont été

soumises à l'action des eaux de Foncaude, pendant l'été de 1845. Chez un assez grand nombre de sujets, les premières atteintes de cette maladie remontaient à des époques éloignées, et divers moyens avaient été mis en usage avec des résultats très-variables. Le plus souvent, cependant, les bains d'eau minérale avaient été négligés, et, chez plusieurs de nos malades, la proximité de Foncaude, la possibilité de faire usage de ces eaux d'une manière suivie sans s'éloigner de leurs occupations habituelles, ont beaucoup contribué à leur en faire tenter l'emploi. En général, les effets que j'ai constatés ont été favorables. Ainsi, divers exemples d'affections prurigineuses ont rapidement guéri. Les démangeaisons intenses qui se réveillaient, surtout pendant la nuit, et devenaient la cause d'insomnies fatigantes, loin de s'accroître sous l'action tonique des eaux de Foncaude, s'amendaient promptement, et chez quelques sujets avaient totalement disparu après le sixième bain. Ces modifications heureuses ont surtout fixé mon attention chez un jeune sujet, habitant un village voisin, et qui, âgé de douze ans, avait déjà ressenti, dans son enfance, plusieurs atteintes de cette inquiétante affection. Lorsqu'il fut envoyé à Foncaude, la surface des quatre membres était toute recouverte de petites croûtes, provenant des papules déchirées, et, dans leurs intervalles, l'épiderme n'offrait plus que de petites écailles furfuracées à moitié détachées, et montrant ainsi la trace des ongles qui les avait soulevées. Presque toutes les nuits se passaient sans sommeil.

Plusieurs exemples d'une variété de cette affection contre laquelle on emploie souvent, sans succès, les remèdes les plus variés, le *prurigo pudendi*, ont été heureusement traités à Foncaude. J'ai souvent encore l'occasion de voir deux personnes atteintes de cette maladie, dont la guérison s'est maintenue pendant tout l'hiver qui vient de s'écouler ; tandis que, par tous les autres traitemens qu'on leur avait fait subir, elles n'avaient jamais obtenu qu'un soulagement bien passager. Des bains simples, des injections variées, des moyens internes avaient été mis en usage inutilement ; cette fois, ces derniers moyens, secondés par les eaux de Foncaude, et des injections faites avec ces mêmes eaux pendant le bain, ont obtenu des résultats satisfaisans et de longue durée. Chez ces deux personnes, douées l'une d'un tempérament lymphatico-sanguin, l'autre d'un tempérament bilieux, une leucorrhée plus ou moins abondante accompagnait en général les attaques du prurigo. Différentes circonstances me portèrent à croire que, dans l'un et l'autre cas, les fonctions cutanées s'accomplissaient faiblement ou sans régularité; et je ne doute pas que la guérison ne soit due à l'accomplissement normal, à l'activité plus grande que les eaux leur ont assurée. Dans un exemple de même nature, où les eaux de Barège factices avaient produit de mauvais effets, celles de Foncaude ont déterminé un grand soulagement, et tout porte à croire que le résultat eût été complétement favorable, si des circonstances particulières n'eussent obligé la malade à discontinuer trop tôt l'emploi des bains et des injections.

Parmi les exemples de dartres squammeuses humides qui ont été guéries par les eaux de Foncaude, s'est trouvé celui d'un riche paysan, âgé de 53 ans, d'un tempérament bilioso-sanguin, d'une forte constitution, et qui, depuis l'âge de 12 ans, avait éprouvé des atteintes nombreuses de cette maladie sur différentes parties du corps. Cette fois, l'éruption envahissait toute la jambe gauche, une partie de la droite, l'avant-bras gauche et une partie du

poignet droit. Dans toutes ces parties la peau ten-
due, luisante et d'une rougeur des plus intenses,
semblait dénudée de son épiderme, si ce n'est dans
les points que quelques croûtes à moitié soulevées
couvraient encore ; à la circonférence de cette sorte
de plaie, de nombreuses pustules, la plupart déchirées
par suite du frottement que la démangeaison occa-
sionnait, indiquaient sa tendance à s'agrandir ; une
sérosité abondante, sanieuse, s'écoulait de tous
les points malades. Cet homme allait partir pour se
soumettre à l'action de quelques-unes des eaux sul-
fureuses les plus renommées, lorsque je l'engageai
à faire usage des eaux de Foncaude, où il pouvait
se rendre, chaque jour, sans s'éloigner de sa propriété qu'il habite constamment. Après quatre bains,
les parties malades, entièrement dépouillées d'é-
cailles, n'offraient plus qu'une surface très-rouge,
dont la circonférence même présentait aussi des
pustules bien moins nombreuses. Les démangeaisons
qui parfois se renouvelaient dans le bain, avaient
totalement cessé pendant le reste de la journée, et
ne causaient plus d'insomnie. Au bout de vingt
bains, il ne restait d'autres traces de la maladie
qu'une teinte rosée à peine sensible de la peau. Ce-

pendant, les bains furent poussés jusqu'au nombre
de trente. La guérison s'est maintenue jusqu'aujourd'hui, et, pour mieux la consolider, ce malade
se propose de recourir encore cette année à un
moyen qui lui a si bien réussi.

Nous n'avons eu qu'un seul exemple de *mentagre*
soumis à l'action des eaux de Foncaude. Cette affection récente s'était propagée sur une grande
étendue de la joue gauche; elle céda promptement,
malgré la ténacité qui caractérise si souvent cette
variété de dartre. Jusqu'ici la guérison ne s'est pas
démentie.

Deux fois j'ai eu à traiter, par le même moyen,
l'*ecthyma chronique*. Chez l'un des sujets qui en
étaient atteints, l'éruption se composait de pustules
assez nombreuses, toutes situées sur les membres
inférieurs, et qui laissaient à leur suite autant d'ulcérations avec écoulement sanieux. Chez l'autre,
l'éruption qui se montrait pour la troisième ou qua-
trième fois, n'avait jamais offert qu'une seule pus-
tule à chaque jambe. Cette fois encore l'éruption
déjà ancienne, de plusieurs mois quand elle me
fut présentée, avait produit sur la malléole in-
terne de la jambe droite une ulcération profonde,

irrégulière, à bords calleux, d'une couleur rouge
vif, laissant écouler assez abondamment une sérosité sanieuse, et causant de vives douleurs qui
augmentaient chaque nuit, et par les démangeaisons
qui les accompagnaient, procuraient de longues insomnies. A la jambe gauche, une ulcération analogue, mais moins étendue, était fixée à la malléole
externe. Les deux jambes offraient une enflure
œdémateuse, et la douleur des plaies rendait la
marche presque impossible. La femme chez laquelle
j'observai cette maladie, en avait été atteinte après
chacune de ses couches ; et chaque éruption avait
laissé sur la peau une tache d'un rouge vineux, étendue et un peu déprimée. Cette fois la cause en
était inconnue. Les démangeaisons cessèrent sous
l'influence de plusieurs bains, et les nuits furent
tranquilles. Les ulcérations tendirent rapidement à
la cicatrisation; dès le sixième bain, celle de la
jambe droite était diminuée de moitié; la marche
redevint facile, et la guérison fut bientôt con-
firmée.

» J'ai vu quelques exemples de leucorrhée ancienne, et ne dépendant que d'un état catarrhal de
la membrane muqueuse vaginale, céder après quinze

ou vingt bains de Foncaude, aidés de quelques injections faites avec la même eau, pendant chaque bain. Les guérisons se sont en général soutenues pendant l'hiver; et, dans ces circonstances encore, je crois être autorisé à penser que l'action tonique dont la peau a été le siége, s'est avantageusement communiquée à la membrane muqueuse du vagin.

Un des effets les plus favorables que j'aie retirés, sous l'action des eaux de Foncaude, de cette relation sympathique entre la peau et les organes internes, est celui que ressentit un jeune enfant atteint de dysenterie pendant le travail de la dentition. Quelques bains suffirent pour dissiper toute fâcheuse disposition des organes digestifs, et régulariser leurs fonctions. On a pu remarquer combien, dans les cas de cette nature, la peau est en général loin d'accomplir ses fonctions d'une manière normale. Avant même que le mal ait porté de graves atteintes à l'économie tout entière, la surface cutanée perd son coloris naturel; sa température s'abaisse; sa souplesse habituelle fait place à une sécheresse désagréable au contact; tout annonce que le travail morbide qui s'opère vers la membrane muqueuse intestinale, et les sécrétions abondantes qui en sont

la suite, ont complétement supprimé les fonctions
de la peau, arrêté toute exhalation cutanée. Cet
état, des plus graves qu'on puisse avoir à traiter
chez les enfans, résiste trop souvent à tous les
moyens dirigés contre lui, et, pendant les fortes
chaleurs surtout, devient la cause trop fréquente
d'une mortalité cruelle. Le fait que je rappelle ici,
serait-il de nature à faire croire que nous avons,
tout près de nous, un moyen capable de prévenir,
dans bien des cas, de fâcheuses terminaisons?

Deux exemples de *rhumatismes goutteux* sont venus, pendant l'été de 1845, se joindre à celui que
j'ai cité en parlant du petit nombre de malades
traités à Foncaude en 1844, et confirmer, par une
guérison bien plus complète, les bons effets que l'on
peut attendre de ces eaux dans des cas de cette nature. Une femme, âgée de 31 ans, n'avait éprouvé,
jusqu'à l'âge de 23 ou 24 ans, d'autre dérangement
de santé, que quelques atteintes d'éruption dartreuse. Celle-ci n'a plus reparu depuis lors, et,
depuis six ans environ, cette femme a ressenti plusieurs attaques d'affections rhumatismales. Toutes
les articulations en ont été le siége, et les diverses
atteintes dont celles des doigts et des orteils ont

été affectées, les ont toutes notablement déformées;
aussi la flexion complète des doigts est-elle constamment fort difficile et la marche toujours pénible. Des dérangemens notables des fonctions digestives précèdent presque toujours les attaques
nouvelles. Parmi les moyens dont on avait essayé
l'action, on n'avait pas oublié les eaux minérales,
et celles de Lamalou que l'on avait choisies, étaient
demeurées sans succès. M. le docteur David, médecin à Grabels, qui donnait à cette malade les
soins les plus éclairés, me l'adressa pour me consulter sur les effets qu'elle pouvait attendre des
eaux de Foncaude. Elle eut bientôt à se louer d'en
avoir fait usage ; la liberté des mouvemens se ré-
tablit presque entièrement. Cette femme a passé
l'hiver sans atteinte nouvelle de ses douleurs, et
une grossesse, inutilement désirée pendant neuf ans,
est venue donner, en quelque façon, une preuve
de plus du rétablissement de sa santé. Le second
exemple a pour sujet une dame âgée de 56 ans,
d'un tempérament lymphatico-sanguin, et chez laquelle, à l'époque de la ménopause, survint une
longue attaque de rhumatisme qui se porta de préférence sur les grandes articulations. Une attaque

suivante affecta, en même temps que plusieurs articulations des membres inférieurs, celle du gros orteil droit qui devint à la fois rouge, tuméfiée et douloureuse. Enfin, pendant l'hiver de 1844 à 1845, les deux mains furent prises de douleurs, avec enflure et difformité de toutes les articulations des doigts, dont les mouvemens restèrent fort long-temps très-incomplets. Les bains de Foncaude, pris avec assiduité, rendirent promptement aux articulations leur liberté accoutumée; l'engorgement, dont quelques-unes d'entre elles étaient restées entourées, se dissipa complétement, et tout l'hiver qui vient de s'écouler, s'est passé sans que la malade ait subi la plus légère atteinte.

. Les eaux de Foncaude ont été employées en boisson par un petit nombre de malades ; sous ce rapport, je ne puis encore présenter aucune observation bien concluante. Cependant, on peut noter que, dans la plupart des cas, il en est résulté une augmentation notable des fonctions digestives ; l'appétit s'est prononcé plus vivement ; les évacuations sont aussi devenues plus régulières et plus faciles, et les urines ont quelquefois coulé avec plus d'abondance. La nature et la quantité des sels que ces

eaux renferment, font du reste aisément préjuger
que leur usage à l'intérieur pourra, dans bien des
cas, seconder avantageusement l'effet des bains.
Cette même composition peut encore amener à penser qu'on pourrait utiliser ces eaux, soit inté-
rieurement, soit extérieurement, dans les affections
si communes du système lymphatique. La douce
stimulation que la peau et les premières voies pourraient en retirer, la régularité qu'elles pourraient
rendre à l'accomplissement des principales fonctions, pendant que, d'un autre côté, l'assimilation
deviendrait plus active et plus complète, ne lais-
sent pas de doute à cet égard. Enfin, si l'avenir
confirme ce que quelques faits, trop isolés encore
pour que je puisse les mettre en avant, semblent
démontrer, que le système nerveux a lui-même
retrouvé sous l'action des eaux de Foncaude une action plus régulière et plus complète, on pourra dès-
lors entrevoir tout le parti qu'on peut en retirer
dans les cas où l'innervation, trop active ou lan-
guissante, demande, pour les premiers, des révulsions
soutenues et efficaces ; pour les seconds, des sti-
mulations douces, ménagées, générales.

Ces dernières considérations sont de nature à

faire pressentir les avantages que l'on pourrait trou-
ver, dans le traitement des affections scrofuleuses
chez les enfans, et peut-être aussi dans celui de
quelques paralysies, à faire usage des eaux de Foncaude, avant d'en venir à celui des eaux de Lamalou
et de Balaruc. Je suis sans doute bien éloigné de
vouloir pousser trop loin la comparaison de ces diverses sources. L'action puissante, énergique de
la dernière, semblerait surtout interdire tout rapprochement; mais quelques effets analogues, et la
certitude de les obtenir par les eaux de Foncaude,
sans s'exposer à produire des mouvemens trop actifs
de concentration, de refoulement vers les organes
internes ; la possibilité de pouvoir soumettre des
sujets déjà affaiblis à des causes de réactions moins
vives, et de ranimer le développement des forces
en s'exposant moins à les détruire, sont sans doute
des avantages précieux et qu'on ne saurait trop
apprécier. D'ailleurs, bien des praticiens recom-
mandent aujourd'hui de ne pas user trop longuement
des eaux de Balaruc, et trouvent convenable de
prescrire un assez long repos, après un certain
nombre de bains. L'action bien moins énergique
des eaux de Foncaude ne serait-elle pas alors un

moyen précieux de soutenir, sans excitation, les
effets déjà obtenus, de mieux disposer à ceux que
pourraient encore produire les premières? Ces avantages acquièrent un nouveau prix, par le rapprochement des lieux où coulent ces diverses sources. On
aurait ainsi facilement le moyen de soumettre les
malades à des actions thérapeutiques graduées dans
leur intensité, et en employant pour cela, non des
eaux mitigées de telle ou telle source, mais des eaux
naturelles, heureusement disposées dans ce but.

Enfin, sous ce rapport, comme sous celui du
traitement de toutes les maladies que les eaux de
Foncaude peuvent guérir, un des grands avantages
qu'elles présentent, est sans contredit celui qu'elles
retirent du pays dans lequel la nature les a placées,
et dont le climat tempéré permet l'usage des bains
pendant toute l'année. L'établissement sera ouvert
dans toutes les saisons. Ainsi, les malades qui vou-
dront y chercher un moyen de guérison, n'auront
plus à attendre, en souffrant, qu'une saison favorable
leur permette de s'y rendre, comme il faut bien se
résigner à le faire, quand il s'agit d'aller chercher
des eaux minérales dans des pays froids et humides.

FIN.